小山的中国地理探险日志

蔡峰————编绘　栗河冰————主审

宝藏城市

上卷

电子工业出版社
Publishing House of Electronics Industry
北京·BEIJING

图书在版编目（CIP）数据

小山的中国地理探险日志.宝藏城市.上卷 / 蔡峰编绘. —— 北京：电子工业出版社，2021.8
ISBN 978-7-121-41503-6

Ⅰ.①小… Ⅱ.①蔡… Ⅲ.①自然地理 – 中国 – 青少年读物 Ⅳ.①P942-49

中国版本图书馆CIP数据核字（2021）第128689号

责任编辑：季　萌
印　　刷：天津市银博印刷集团有限公司
装　　订：天津市银博印刷集团有限公司
出版发行：电子工业出版社
　　　　　北京市海淀区万寿路173信箱　邮编：100036
开　　本：889×1194　1/16　印张：36.25　字数：371.7千字
版　　次：2021年8月第1版
印　　次：2024年11月第8次印刷
定　　价：260.00元（全12册）

　　凡所购买电子工业出版社图书有缺损问题，请向购买书店调换。若书店售缺，请与本社发行
部联系，联系及邮购电话：（010）88254888，88258888。
　　质量投诉请发邮件至zlts@phei.com.cn，盗版侵权举报请发邮件至dbqq@phei.com.cn。
　　本书咨询联系方式：（010）88254161转1860，jimeng@phei.com.cn。

宝藏城市

目前中国有34个省级行政区，包括23个省、5个自治区、4个直辖市、2个特别行政区。中国五千年的历史孕育出了一些因深厚的文化底蕴和发生过重大历史事件而青史留名的城市。这些城市，有的曾是王朝都城；有的曾是当时的政治、经济重镇；有的曾是重大历史事件的发生地；有的因为拥有珍贵的文物遗迹而享有盛名；有的则因为出产精美的工艺品而著称于世。它们的留存，为人们回顾中国历史打开了一个窗口。在本卷中，小山先生将走访中国的10个宝藏城市。

你准备好了吗？现在就跟小山先生一起出发吧！

大家好，我是穿山甲，
你们可以叫我"小山先生"。
这是一本我珍藏的中国探险笔记，
希望你们和我一样，

爱冒险，
爱自由！

目录

紫禁城……哇！

北京故宫，即紫禁城，是明清两朝 24 位皇帝的皇宫。故宫始建于明成祖永乐四年（1406 年），至永乐十八年（1420 年）落成，位于北京中轴线的中心，占地面积 72 万平方米，建筑面积约 15 万平方米，为世界上现存规模最大的宫殿建筑群。

北京故宫是第一批全国重点文物保护单位、第一批国家 5A 级旅游景区，1987年被列入《世界遗产名录》。故宫现为故宫博物院，藏品主要以明、清两代宫廷收藏为基础；是国家一级博物馆，与俄罗斯艾尔米塔什博物馆、法国卢浮宫、美国大都会博物馆、英国大英博物馆并称为世界五大博物馆。

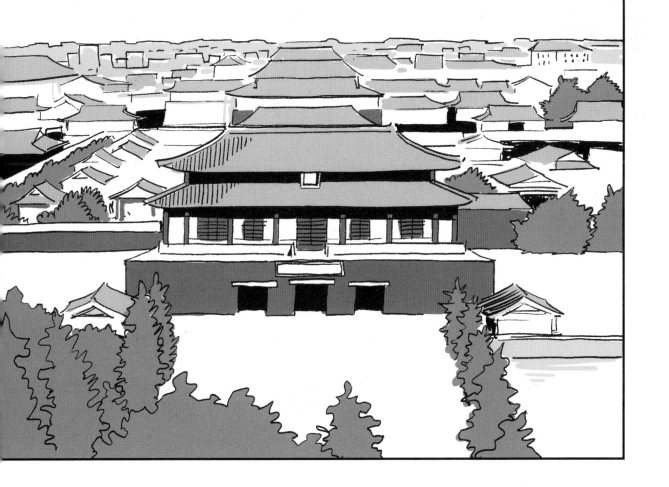

古典与现代结合的首都
——北京

北京，古称蓟城、燕京、幽州、北平，是中华人民共和国首都。《大明一统志》中曾称赞北京："京师古幽蓟之地，左环沧海，右拥太行，北枕居庸，南襟河济，形胜甲于天下，诚所谓天府之国也。"

世界著名古都

北京是著名的"北京猿人"的故乡，有文字和文物可考的建城史已有 3000 多年，曾为辽、金、元、明、清五朝帝都。1949 年 10 月 1 日，中华人民共和国成立，北京从此成为中华人民共和国的首都和全国的政治、文化中心。故宫、长城、周口店猿人遗址、天坛及颐和园均被列入《世界遗产名录》。北京具有丰富的旅游资源，对外开放的旅游景点达 200 多处，有世界上最大的皇宫紫禁城、祭天神庙天坛、皇家花园北海、皇家园林颐和园，还有八达岭、慕田峪、司马台长城以及世界上最大的四合院——恭王府等名胜古迹。

北京的历史变迁

自1927年进行大规模系统发掘以来，在周口店发现了旧石器时代早期北京直立人、中期新洞人和晚期山顶洞人的遗址。北京地区在不晚于1万年前已经开始进入新石器时代。当时该地区人类定居生活固定化，逐渐从山洞中迁徙出来，到平原地区定居。

古老的政治中心

历史上，有元、明、清等数个朝代或政权在北京建都，因此北京有较长的建都史，并荟萃了自元、明、清以来的近世中华文化。目前，北京作为首都，是中华人民共和国的政治中心，许多经济、文化机构也聚集于此。

北京城的起源

西周初年，周武王封召公奭（shì）于燕国。燕国早期都城位于今房山区琉璃河遗址。一些学者将琉璃河古城视为北京城的源头。据《史记》记载，周武王封尧的后人于蓟，蓟国都城为蓟城。春秋时期，燕灭蓟，将都城迁至蓟城。蓟城的具体位置尚有争议。1950年起，在北京宣武门至和平门一带的基建工程中发现了春秋至西汉的大量陶井，学者据此认为，蓟城的位置就在这一带，并认为蓟城是北京城的起源。

🐾 北京的地貌特征

北京的地势总体上西北高、东南低，全市地貌由西北山地和东南平原两大地貌单元组成。西部、北部和东北部三面环山，东南部是一片缓缓向渤海倾斜的平原。全市最高峰为门头沟区西北部的东灵山，海拔2303米。北京没有天然湖泊，天然河道自西向东有拒马河、永定河、北运河、潮白河、蓟运河五大水系，均属海河流域。这些河流多由西北部山地发源，穿过崇山峻岭，向东南蜿蜒流经平原地区，最后分别汇入渤海。

🐾 北京的气候特点

北京市地处暖温带半湿润地区，属于暖温带半湿润半干旱季风气候。北京四季分明，春季多风和沙尘，夏季炎热多雨，秋季晴朗干燥，冬季寒冷且大风猛烈。其中春季和秋季很短，夏季和冬季则很长。北京季风性气候特征明显，全年大部分的降水集中在夏季的7、8月份，而其他季节空气较为干燥。

新乐遗址位于辽宁省**沈阳**市皇姑区黄河北大街龙山路 1 号（浑河古道北岸高台地），是新石器时代母系社会氏族公社繁荣时期的村落文化遗址。2001 年被列为第五批全国重点文物保护单位。

陶器以夹砂红褐陶居多，泥质陶少见，多为手制。

遗址分布面积约为 178000 平方米，于 1973 年第一次进行考古发掘工作，陆续发现新乐先民居住的半地穴式古房址 40 余座，出土文物包括石器、陶器、玉器、骨器、煤精制品和木雕艺术品等。遗址旁边亦发现两座辽代墓葬建筑。

其中于 1978 年在二号房址出土的鸟形炭化木雕艺术品，距今有 7200 多年的历史，被认为是氏族崇拜的图腾。它是在沈阳地区发现的年代最久远的文物，也是世界上年代最久远的木雕工艺品。沈阳市政府广场名为《太阳鸟》的雕塑即按照它的形象塑造，成为沈阳城市精神的标志和象征。现该雕塑迁至新乐遗址。

东北平原上的重工业名城 ——沈阳

沈阳，辽宁省省会、东北地区重要的中心城市。沈阳地处中国东北地区、辽宁中部，位于东北亚经济圈和环渤海经济圈的中心，是东北亚的地理中心，东北地区政治、经济、文化中心和交通枢纽。

一朝发祥地，两代帝王都

1625 年，清太祖努尔哈赤迁都于此，后继者清太宗皇太极扩建沈阳城，尊沈阳为"天眷盛京"。1644 年，清世祖顺治迁都北京后，盛京成为陪都。清初皇宫所在地——沈阳故宫，是中国现今仅存最完整的两座皇宫建筑群之一。

共和国长子

新中国成立后，沈阳成为中国重要的以装备制造业为主的重工业基地，被誉为"共和国装备部"，有着"共和国长子"和"东方鲁尔"的美誉。

 古人类的活动

沈阳境内最早的人类活动历史可追溯至 11 万年前的旧石器时代。约 7200 年前，沈阳的先民们创造出新乐文化。在新乐遗址发现的木雕鸟被认为是中国史前鸟图腾的徽号。

沈阳的地貌特征

沈阳位于中国辽宁省中部，以平原为主，地势平坦，平均海拔 50 米左右，山地丘陵集中在东北、东南部，属辽东丘陵的延伸部分。西部是辽河、浑河冲积平原，地势由东向西缓缓倾斜。

物产丰富的沈阳

沈阳属华北植物区系、蒙古植物区系的交汇地带，植物种类丰富，共 779 种。沈阳地区土类资源丰富，原生地带性土壤为棕壤，发育为棕壤、草甸土、水稻土、风沙土、碱土、盐土和沼泽土 7 个土类。此外，沈阳能源矿产和非金属矿产丰富，包括煤、铁、钼、硅、沸石等。沈阳东南地区有特殊的陨落地质，目前世界上已知最大的古石陨石就位于沈阳陨石山国家森林公园。

沈阳的水系

沈阳境内的河流主要有辽河、浑河、蒲河、柳河、绕阳河等，主要属于辽河、浑河两大水系。其中，浑河古称沈水，为沈阳市名称由来，故浑河被认为是沈阳的"母亲河"。19世纪后，随着沈阳城市规模的不断扩大，沈阳市开凿修建南运河、北运河及卫工明渠，形成了环城水系。3条运河总长49.7千米，被称为"百里运河"。沈阳境内最大的湖泊为形成于中生代晚期白垩纪的康平县卧龙湖，水域面积67平方千米，亦是辽宁省第一大平原淡水湖。

沈阳的气候特征

沈阳气候属暖温带，大陆性气候显著，属温带季风气候。受季风影响，降水集中，温差较大，四季分明，夏季高温多雨，冬季寒冷干燥。春秋两季气温变化迅速，持续时间短；春季多风，秋季晴朗。

静安寺是一座佛教寺庙，位于**上海**市静安区。据静安寺内的赤乌碑记载，静安寺由胡僧康僧会始建于三国时吴大帝孙权赤乌十年（247年），原名沪渎重元（玄）寺，位于吴淞江北岸，距今已有1700多年的历史。

唐代更名为永泰禅院，北宋始名静安寺。南宋时迁至现今寺址，规模逐渐扩大，元代有"八处名胜"之说，清代静安寺屡经兴废。光绪年间，形成有名的一年一度的静安寺庙会。

静安寺比上海建城还早，整个庙宇前寺后塔，是上海最古老的佛寺。寺内藏有八大山人名画，文徵明真迹《琵琶行》行草长卷。

静安寺是汉族地区佛教全国重点寺院之一，上海市真言宗古刹之一，上海市文物保护单位。

东方明珠广播电视塔是上海的标志性文化景观之一，位于浦东新区陆家嘴，于 1994 年 11 月正式对外营业，1995 年被列入上海十大新景观之一。陆家嘴位于浦东新区西北部，因明代翰林院学士陆深生卒于此，故称这块滩地为陆家嘴。如今这片地方是众多跨国银行的大中华区及东亚总部所在地，是中国最具影响力的金融中心之一、改革开放的象征。

极具魅力的东方明珠
——上海

上海，地处中国东部、长江入海口，东临东海，北、西与江苏、浙江两省相接，是中国国际经济、金融、贸易、航运、科技创新中心。上海位于中国南北海岸线中部、太平洋西环航线的要冲，是世界著名港口城市、中国面向世界的重要门户。

东南名邑

远古的上海，经历了马家浜文化、崧泽文化、良渚文化的灿烂。唐宋之际，上海的经济发展逐渐加快。随着渔业的兴盛、商贸的兴起、植棉的传入和棉纺织业的发展，上海在长江三角洲逐渐占据重要的经济地位。明清之际，上海已成为东南名邑。19 世纪中叶，上海成为对外开放的通商口岸。西方国家设立租界，实行殖民统治时，上海人民谱写了反抗帝国主义的斗争历史。1921 年 7 月，中国共产党第一次全国代表大会在上海召开，中国共产党正式成立。上海成为中国革命历史名城。

上海的历史沿革

上海地区古为嚣县，属于扬州之域。春秋时属吴国，隶属姑苏。吴国亡后归越国。战国时属楚，曾是春申君黄歇的封邑，故别称"申"。秦统一中国后属会稽郡。三国时，上海一带属东吴。五代十国时期属钱氏吴越国。当时的上海称为华亭（今松江）。南宋咸淳三年（1267年），在嘉兴府华亭县上海浦西岸设置市镇，定名为"上海镇"。元至元十四年（1277年），华亭县升为府，次年改称松江府，仍置华亭县隶之。至元二十八年（1291年），上海镇从华亭县划出，设立上海县，辖于松江府，标志着上海建城之始。

上海的租界

第一次鸦片战争之后，上海作为通商口岸之一对外开放。1845年11月29日，清政府苏松太兵备道宫慕久与英国领事巴富尔共同公布《上海租地章程》，设立上海英租界。此后，其他租界相继辟设。租界中，外国人投资公用事业，兴学办报。租界当局负责市政建设，颁布一系列租界管理的行政法规。租界也成了中国人了解和学习西方文化与制度的一个窗口。

1267　嘉兴府华亭县上海镇
1278　松江府华亭县上海镇
1291　松江府上海县

上海租地章程

上海市中心处长江三角洲冲积平原前缘，东濒东海，北界长江，南临杭州湾，西与江苏省和浙江省接壤，是中国海岸线的中心位置。上海市全境为冲积平原，仅西南部有部分火山岩丘。地势平坦，略呈东高西低，山脉少而低小。东部沿海由长江不断携带入海的泥沙沉积而成，崇明岛、浦东等地的面积依旧在增长中，西部有佘山、天马山等，高度都在100米以下。上海市最高点是位于杭州湾内的大金山岛，海拔103.4米。

上海地处亚热带，在东亚季风区内，纬度适中，又濒临大海，受海洋湿润空气调节，气候温和湿润，降水丰沛，四季分明，具有典型的亚热带湿润季风气候的特点。春秋较短，冬夏较长。有春雨、梅雨、秋雨三个雨期，5月至9月为上海的汛期。

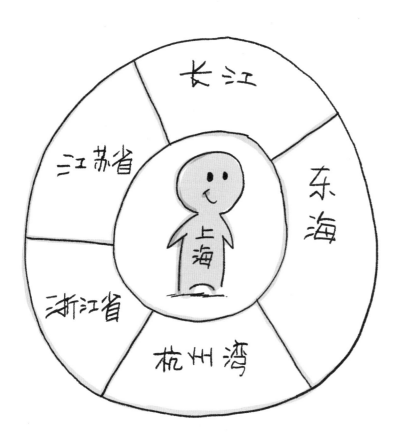

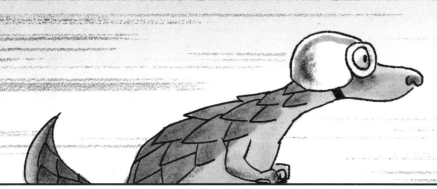

南京长江大桥是一座横跨长江的铁路、公路两用特大双层钢桁梁桥。

大桥是华东交通的关键工程，上层为路宽 15 米、全长 4589 米的四车道公路桥，连通 104 国道、312 国道等跨越长江的公路网；下层为宽 14 米、全长 6772 米的双轨复线铁路桥，连接津浦铁路与沪宁铁路，使中国交通大动脉京沪铁路得以贯通，是南北交通的要津和命脉。

大桥建成于 1968 年，是继武汉长江大桥和重庆白沙沱长江大桥之后第三座跨越长江干流的大桥，是第一座完全由中国设计建造并基本采用国产材料的特大型桥梁，因而在中国桥梁史上具有重要意义。该桥是南京的标志性建筑，曾以"世界最长的公铁两用桥"被载入《吉尼斯世界纪录大全》。

虎踞龙盘的东南胜地
——南京

南京，江苏省省会，古称金陵、建业、建康，北连辽阔的江淮平原，东接富饶的长江三角洲，西傍长江天堑，长期是中国南方的政治、经济、文化中心，也是首批国家历史文化名城，中华文明的重要发祥地。

重要的航运中心

早在三国时南京就拥有军港和商港，东吴时期这里已经"江道万里，通涉五洲"；明代郑和在南京港起锚，成为郑和下西洋的基地港。

六朝古都

公元 3 世纪初至 6 世纪末，孙吴、东晋、宋、齐、梁、陈等 6 个王朝在南京建都。此后又有南唐、明、太平天国等朝代或政权以此为都城，南京也因此被称为"六朝古都""十朝都会"。南京自古以来崇文重教，著名景点有中山陵、明孝陵、玄武湖、夫子庙等。

古人类与原始村落

南京一带在 100 万年至 120 万年前就有古人类活动。汤山葫芦洞发现的南京直立人分布在 20 多万年前到 60 多万年前之间。约 7000 年前，出现了以北阴阳营文化为代表的新石器时代原始村落。

天然地质博物馆

南京素有"天然地质博物馆"之称，地质在全国大地构造单元上属扬子古陆的北部边缘。地貌属宁镇扬山地，低山、丘陵、岗地约占全市总面积的 60.8%，低山、丘陵之间或两侧多是地势低平的河谷平原和滨湖平原。

南京直立人

南京的水域

长江从江宁铜井进入南京境内，向北流至下关后折向东，从龙潭流出，进入镇江，在南京境内长约 95 千米。江中较大的沙洲有八卦洲、江心洲等。南京的水域面积达 11% 以上，有秦淮河、金川河、玄武湖、莫愁湖、百家湖等河流和湖泊。

🐀 南京的资源

南京矿产资源丰富，发现的矿产主要有铁、铜、铅、锌、锶（Sr）、硫铁、白云石、石灰石、石膏、黏土等41种。雨花台区的梅山铁矿是中国最大的地下铁矿。锶矿（天青石）的质量和蕴藏量居全国首位；六合有蓝宝石矿。南京市还有地热资源，有汤山温泉、汤泉温泉、珍珠泉温泉等。

🐀 南京的气候

南京属于典型的北亚热带湿润气候，四季分明，雨水充沛。春秋短，冬夏长，年温差较大。

锶矿

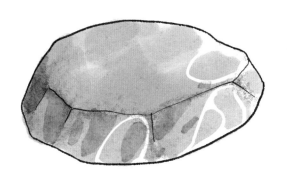

蓝宝石矿

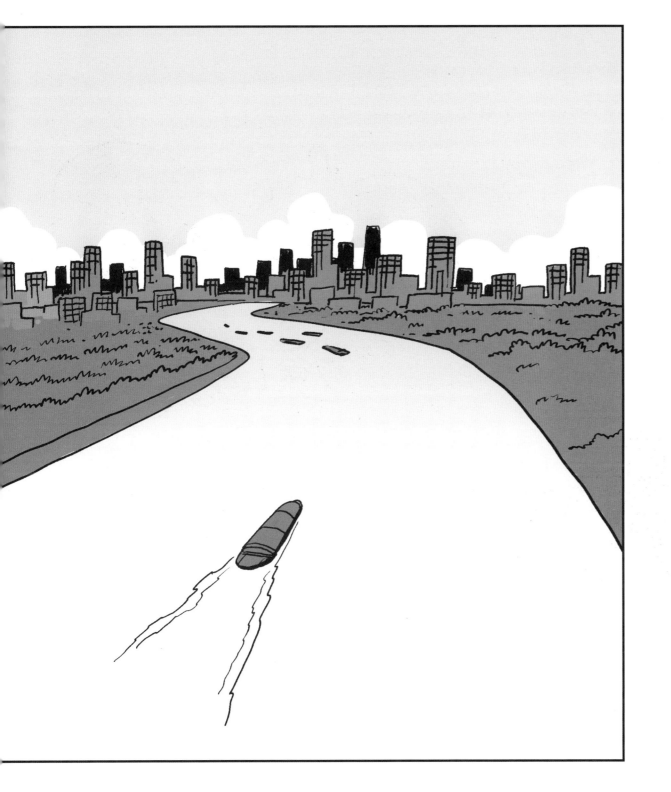

五省通衢的帝王之乡
——徐州

徐州位于江苏省西北部、华北平原东南部，历史上为华夏九州之一，自古便是北国锁钥、南国门户、兵家必争之地和商贾云集中心。其城地处苏、鲁、豫、皖四省交界，东襟淮海，西接中原，南屏江淮，北扼齐鲁，京杭大运河穿境而过，素有"五省通衢"之称。

帝王之乡

徐州历史悠久，有超过6000年的文明史和2600年的建城史，是著名的帝王之乡，有"九朝帝王徐州籍"之说。徐州是两汉文化的发源地，有"彭祖故国、刘邦故里、项羽故都"之称，拥有大量文化遗产和深厚的历史底蕴，有项羽"戏马台"、刘邦"大风歌碑"、苏轼"放鹤亭"、北魏"大石佛"、唐代"燕子楼"，以及明清"城下城"遗址等名胜古迹。

徐州的地貌特征

徐州地处黄淮平原中部，属北方与南方的过渡地带，四周环山，平原、丘陵相间，是江苏省内平均海拔较高的市。徐州多山，有大洞山、泉山、皇姑山、拉犁山、云龙山、小泰山、卧牛山等山峰，其中主城区有72座山头。位于贾汪区北部的大洞山为全市海拔最高点。

徐州为什么被称为"城上城"

历史上黄河数次改道，决堤频繁，屡次毁城。徐州人民一次次在故土上重建家园，徐州地底积累有多个不同年代的建筑遗址，因此被称为"城上城"。

从石头缝里种出的森林城市

    徐州市属暖温带半湿润季风气候，由于地域东西狭长，海洋影响程度有差异。气候特点是：四季分明，光照充足，雨量适中，雨热同期。四季之中，春、秋季短，冬、夏季长，春季天气多变，夏季高温多雨，秋季天高气爽，冬季寒冷干燥。徐州曾经是几百座荒山寸木不生的石头之城，经过60多年的植树造林，现在徐州市全境森林覆盖率达30%以上，市区（主要建成区）绿化覆盖率达40%以上，均居江苏省各城市首位，被称为"从石头缝里种出的森林城市"。

月落乌啼霜满天，江枫渔火对愁眠。
姑苏城外寒山寺，夜半钟声到客船。

唐朝诗人张继的《枫桥夜泊》
令这座寺庙闻名遐迩……

寒山寺，位于江苏省**苏州**市城西阊门外 5 千米的枫桥镇，坐东朝西，门对古运河。相传始建于南朝时期的梁武帝天监年间（502—519 年），初名"妙利普明塔院"。唐贞观年间，传说当时的名僧寒山和拾得从天台山来此做住持，遂改名寒山寺。

风物雄丽的东方威尼斯
——苏州

苏州，古称姑苏、吴门、平江，是江苏省地级市，长江三角洲重要的中心城市之一。苏州是吴文化的重要发祥地，自然条件优越，与杭州齐名，有"人间天堂"的美誉。苏州古典园林和中国大运河苏州段被列入《世界遗产名录》。《马可·波罗游记》中，将苏州赞誉为"东方威尼斯"。

人类文明的魄宝奇葩

苏州素来以山水秀丽、园林典雅而闻名天下，有"江南园林甲天下，苏州园林甲江南"的美称。集建筑、山水、花木、雕刻、书画等于一体的苏州园林，是人类文明的魄宝奇葩。被称为苏州四大古典园林的沧浪亭、狮子林、拙政园和留园分别代表着宋、元、明、清四个朝代的艺术风格。苏州既有园林之美，又有山水之胜。寺观名刹，遍布城乡；文物古迹，交相辉映；加以文人墨客题咏铭记，作画书联，更使之名扬中外。

苏州的地理位置

苏州市位于长江三角洲和太湖平原的中心地带，东接上海，西抱太湖，南连浙江，北依长江，与无锡市、常州市、南通市、泰州市及浙江省嘉兴市、湖州市及上海市接壤。

姑苏的低山丘陵

苏州的地貌以平缓平原为主，全市的地势低平，自西向东缓慢倾斜。低山丘陵零星散布，一般高 100～300 米，分布在西部山区和太湖诸岛。其中以穹窿山最高（341 米），此外比较著名的还有洞庭山缥缈峰（336 米）、洞庭山莫里峰（293 米）、南阳山（338 米）、七子山（294 米）、天平山（201 米）、灵岩山（182 米）、虞山（261 米）、潭山（252 米）、渔洋山（170 米）等。主要山体沿太湖呈东北—西南走向，构成七子山—东洞庭山，穹窿山—渔洋山—长沙岛—西洞庭山，邓尉山—潭山—漫山岛，东渚—镇湖一带残丘等四组山丘、岛屿群。穹窿、阳山和七子诸山之间，有灵岩、天平、天池等组成的花岗岩丘陵，沿江有香山等低丘，另有虞山、玉山等孤丘矗立于江湖之间的平原上。

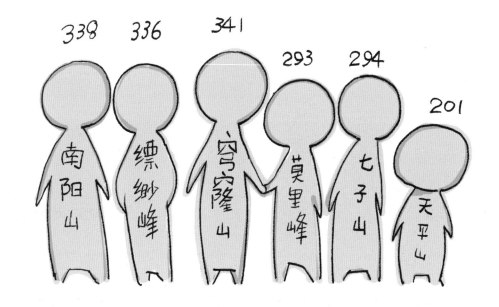

著名的江南水乡

苏州境内河港交错，湖荡密布，著名的湖泊有位于西隅的太湖和漕湖；东有淀山湖、澄湖；北有昆承湖；中有阳澄湖、金鸡湖、独墅湖；长江及京杭运河贯穿市区之北。太湖水流北泄入江和东进淀泖后，经黄浦江入江；运河水流由西入望亭，南出平望；原出海的"三江"，今由黄浦江东泄入江，由此形成苏州的三大水系。

鱼米之乡

苏州属亚热带海洋性季风气候，四季分明，气候温和，雨量充沛。人们传诵的"近炊香稻识红莲""夜市卖菱藕，春船载绮罗"的诗句，就是历代诗人对苏州物产富足的赞美和讴歌。在世人的心目中，苏州就是"鱼米之乡"的代名词。

苏州的矿产资源

苏州市矿产资源丰富，主要集中在吴中区和高新区。已探明的中型以上矿产地13处。已探明的金属矿产有铁、铜、银、铅、锌、锡、铌、钽、铟、镉等。苏州非金属矿产种类多，资源较为丰富。主要有高岭土、瓷石、花岗岩、明矾石、萤石、石灰岩、石英砂岩、煤等。

雷峰塔，又名皇妃塔、王妃塔、黄皮塔，原为吴越国王于北宋太平兴国二年（977年）所建的供养舍利的佛塔，位于浙江省**杭州**市西湖区西湖南岸净慈寺前雷峰之上，与北岸宝石山上的保俶塔南北对峙，遥相呼应。原塔于1924年坍塌，仅存遗址；2002年在原址重建新塔。夕阳西下时，余晖映照雷峰塔，形成著名的"雷峰夕照"景观，为西湖十景之一。雷峰塔也因在《白蛇传》中作为法海镇压白娘子之处而闻名于世。

西子湖畔的人间天堂
——杭州

杭州，古称临安、钱塘，是浙江省省会，长江三角洲的中心城市之一。自秦时设县治以来，杭州已有2200多年的历史，吴越国和南宋曾在此建都。杭州曾被意大利旅行家马可·波罗赞叹为"世界上最美丽华贵之天城"。

人间天堂

杭州有着江、河、湖、山交融的自然环境，风景秀丽，素有"人间天堂"的美誉。世界上最长的人工运河——京杭大运河和以大涌潮闻名的钱塘江穿城而过。宋仁宗曾赞美杭州："地有湖山美，东南第一州。"得益于京杭运河和通商口岸的便利，以及自身发达的丝绸和粮食产业，杭州在历史上曾是重要的商业集散中心。北宋词人柳永在《望海潮》中描述道："东南形胜，三吴都会，钱塘自古繁华。烟柳画桥，风帘翠幕，参差十万人家。"杭州人文古迹众多，有苏堤、白堤、断桥、雷峰塔、飞来峰、灵隐寺等景点。

文明的曙光

杭州自新石器时期以来即有人类活动。杭州萧山境内的跨湖桥遗址，据估距今已有 8000 年的历史，是浙江省已知最早的新石器时代文化遗存。距今 5000 年前的余杭良渚文化被誉为"文明的曙光"。

历史文化名城

杭州是华夏文明的发祥地之一，历史文化积淀深厚。其中具有代表性的独特文化有良渚文化、吴越文化、丝绸文化、茶文化、园林文化、建筑文化、书画篆刻艺术，以及流传下来的许多故事传说，近现代发扬光大的戏曲和当代的重大节会。这些文化既是杭州成为历史文化名城的重要组成部分，也是杭州吸引人们的一大因素。

杭州的地理位置和地貌特征

杭州市位于长江三角洲南翼，东临杭州湾，浙江省内的最大河流钱塘江从西南向东北方向流经全市大部分地区。按顺时针方向，依次与绍兴、金华、衢（qú）州、黄山（安徽）、宣城（安徽）、湖州、嘉兴等地级市相邻。杭州地处长江三角洲南沿和钱塘江流域，地形复杂多样。杭州市西部、中部和南部属浙西丘陵区；东部属浙北平原，地势低平，河网和湖泊密布，具有典型的江南水乡特征。

🏛 天下第一秀水

杭州市的自然资源和天然能源较丰富，其中水力资源首推新安江水库。该水库建成于 1959 年 9 月，是中国东部沿海地区最大的水库，库区面积 570 多平方千米，有大小岛屿 1000 余个，故又名"千岛湖"。该水库下游的新安江水电站是中华人民共和国成立后第一座自行设计、自制设备、自主建设的大型水电站。

🐢 四季分明的杭州

杭州市属亚热带季风气候，最明显的气候特征是冬夏季风交替明显，四季分明。夏季炎热湿润，有"小火炉"之称；冬季寒冷干燥；春秋两季气候宜人，是观光旅游的黄金季节。

"千岛湖"水库

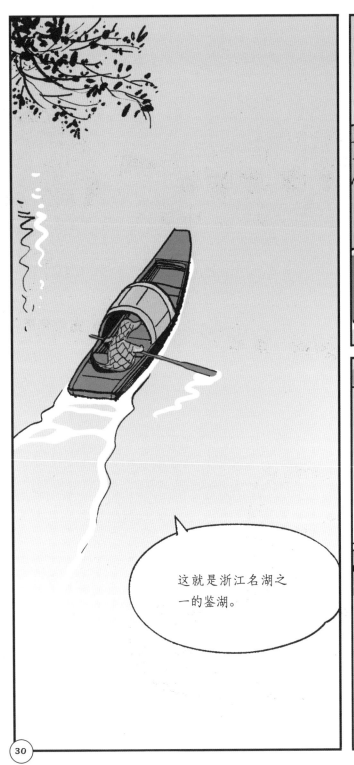

这就是浙江名湖之一的鉴湖。

鉴湖原名镜湖，相传黄帝铸镜于此而得名，又称长湖、庆湖，位于中国浙江省**绍兴**市西南，自然风光独特，更有名胜古迹增色。

鉴湖东起亭山，西至湖塘，尽纳南山三十六源之水潴而成湖，古时曾为著名水利工程，惠泽百姓。如今湖光山色，美名远播。泛舟其中，近处碧波映照，远处青山重叠，有在镜中游之感。

王羲之有名句"山阴道上行，如在镜中游"，描述了湖上桥堤相连、渔舟时现、青山隐隐、绿水迢迢的美丽景象。鉴湖水质极佳，驰名中外的绍兴黄酒就用鉴湖水酿制。

繁华无俦的名士之乡
——绍兴

绍兴，古称越州、会稽，位于浙江省中北部、杭州湾南岸，是具有江南水乡特色的文化和生态旅游城市。据史载，大禹治水告成，在境内茅山会集诸侯，计功行赏，死后葬于此山，因此茅山被更名为"会稽"，此为"会稽"名称之由来。

天下风光数会稽

绍兴历来繁华富庶、百业鼎盛、名流汇聚，是人称"会稽天下本无俦（chóu）"的大都会。绍兴山清水秀，风光迷人，有"东南山水越为首，天下风光数会稽"的美誉。著名的文化古迹有禹陵、兰亭、王羲之故居、贺知章故居、周恩来祖居、鲁迅故里、蔡元培故居、秋瑾故居、马寅初故居、沈园、柯岩等。

🏛 水城越都

绍兴位于杭州、宁波之间，地处浙东丘陵北部、宁绍平原中部，此地水网密布，湖泊众多，有"水城越都"之称。全境地势由西南向东北倾斜，北部为绍虞平原，西部为龙门山，中部为会稽山，东部及南部为四明山——天台山，四明山之间，嵌有诸暨盆地、新嵊盆地、三界——章镇盆地，故而绍兴的地貌被称为"四山三盆两江一平原"。

🏛 名士之乡

绍兴历代名人辈出，名流荟萃，被称为"名士乡"。明代文学家袁宏道初至绍兴，第一印象是"士比鲫鱼多"。古有大禹、勾践、王羲之、陆游等，近代则有秋瑾、蔡元培、周恩来、鲁迅等。1961年毛泽东题诗《名士乡》道："鉴湖越台名士乡，忧忡为国痛断肠，剑南歌接秋风吟，一例氤氲（yīn yūn）入诗囊。"

🐾 物产丰富的绍兴

绍兴境内的矿产有铁、铜、铅、锌。水资源丰富，盛产淡水鱼、菱、藕。工艺美术有纸扇、花边、竹编、金银首饰等。土特产有绍兴酒、乌毡帽、茴香豆、臭豆腐、镜湖霉干菜、平水珠茶、绍兴麻鸭、王坛杨梅、越瓷等。

藕

纸扇

茴香豆

乌毡帽

绍兴黄酒

越瓷

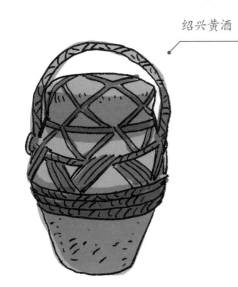

🐾 绍兴的气候特点

绍兴属亚热带季风气候，四季分明，气候温和，湿润多雨。春季雨水连绵，夏季有梅雨季节，秋季时而受台风影响而出现暴雨，冬季寒冷干燥。

鼓山位于福建省**福州**市区东郊约 8 千米处，其北面为鼓岭，南面是闽江，东面是大磨溪，西面为福州平原。山上名胜众多，林壑幽美，引人入胜。

鼓山得名于其山顶上一块酷似大鼓的岩石，传说每逢风雨之际，就会有鼓声从山上传来，因此有"鼓山"之名。涌泉寺在鼓山山腰。

鼓山上有上百处古代摩崖石刻（把文字直接书刻在山崖石壁上），其中有蔡襄、朱熹等人的手书，是福州古代石刻最多、最集中的地方。石刻上起北宋，下迄清代以至当代，前后延续近千年，内容丰富，字体俱全，对研究中国古代书法艺术有重要参考价值。

贸易发达的有福之州
——福州

福州，地处中国华东地区、闽江下游及沿海地区，是福建省省会、海上丝绸之路的门户，是近代中国最早开放的五个通商口岸之一。

中国船政文化的发祥地

因靠海而生，所以福州居民自古以来便"习于水斗、善于用舟"，凭借着濒海而居的独特区位优势，发展海上经济贸易。宋代诗句"百货随潮船入市，万家沽酒户垂帘"，描绘的正是福州作为国际贸易港口的繁华盛况。鸦片战争后，福州被辟为五个通商口岸之一。随着洋务运动的兴起，福州成为中国近代海军的摇篮、中国船政文化的发祥地。著名景点有鼓山、福州国家森林公园、乌塔、石竹山、三坊七巷等。

福州的历史变迁

根据目前的考古发掘，福州的新石器文化可追溯到约公元前5000年的平潭壳丘头文化与约公元前3000年的闽侯县石山文化。春秋战国时期，中国史籍开始出现"闽越"的称呼。这一时期，福州的居民是古闽人或闽越人。福州建城于公元前202年，福州有文字记载的历史由此开始。秦汉时期，福州名为"冶"，而后因为境内一座福山而更名"福州"。唐开元十三年（725年），原闽州改名为福州，福州之名肇始。

福州的地理位置和地貌特征

福州全境地势西高东低，东隔台湾海峡与台湾岛北部相望，南部与泉州市和莆田市，西部与三明市，北部与南平市和宁德市分别接壤。闽江是境内最大河流，自西北向东南方向横切山脉形成狭窄幽深的沿江峡谷，自安仁溪口以下河谷逐渐开阔，水流趋缓，并在下游福州盆地形成福州境内最大的福州平原。

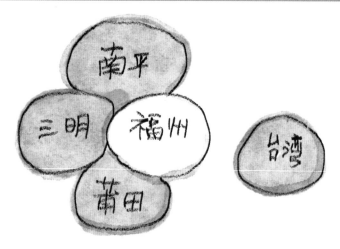

丰富的资源

福州海岸线漫长曲折，总长1137千米。福州的森林覆盖率超过半数，矿产主要以叶腊石、花岗岩、硅砂等非金属矿为主，寿山石也是重要矿产。福州地热总储量达9800立方米，是中国三大温泉区之一。市区的温泉带位于城区东北部，邻近区域还有其他温泉分布。

族群特性鲜明的福州文化

晚唐以来的大量北方移民将上古和中古的中原文化带到福州，而被边缘化的土著闽越文化也部分融入其中，二者相互结合，发展出了独特的福州文化。福州文化作为闽文化的分支，具有强烈的族群和地域特征，在继承中华传统文化和习俗的大体框架之下，发展出了独特的语言、习俗、节日、建筑、艺术、群体文化性格等。

精巧的工艺美术品

脱胎漆器、寿山石雕、软木画、牛角梳和纸伞都是福州的工艺特产。福州脱胎漆器和北京景泰蓝、江西景德镇瓷器并称为中国传统工艺品"三宝"。脱胎漆器色泽鲜艳，质地坚固轻巧。清末民初时，沈氏家族的脱胎漆器多次在国际博览会上得到金奖。

重要的祭祖活动

由于儒家思想的长期熏陶，福州的宗族观念较深，祭祖在福州的社会生活中相当重要。祭祖一般在家居客厅或宗族祠堂进行，各家族的仪式细节有所差别，每年祭祖的次数和日期也不尽相同，较为常见的是在元宵节、中元节和冬至祭祖。

福州的气候

福州属于亚热带海洋性季风气候，气温适宜，温暖湿润，阳光充足，雨量充沛，冬季较温暖。福州每年都受到台风天气的强烈影响，7～9月是台风活动期，年均台风直接登陆次数为2次。福州温暖湿润的气候适宜树木和农作物生长，也是中国东部沿海荔枝生长的地理北限。

哇……

好一座栩栩如生的老君岩啊!

　　清源山石造像是福建省 **泉州** 市丰泽区清源山上的 7 处 9 尊宋元时期的石雕造像,包括老君岩、瑞像岩、赐恩岩、弥陀岩、碧霄岩、西峰岩、千手岩,既有道教造像,也有佛教(含藏传佛教)造像,其雕工精湛,极富历史和艺术价值。

老君岩是中国现存最大的宋代道教石像，也是清源山的标志性景点，于 1988 年列为中国第三批全国重点文物保护单位。造像位于西峰罗山山麓，是由一块形似人像的巨大天然花岗岩雕琢而成的思想家老子的雕像。

海上丝绸之路的起点
——泉州

泉州，位于福建省中南部沿海，是闽东南沿海政治、经济、文化和交通中心，海上丝绸之路的起点。宋元时期，泉州港被著名旅行家马可·波罗誉为"世界第一大港"，与埃及的亚历山大港齐名。

历史悠久的大港

泉州自周秦开始经济开发，于三国时期始置东安县治。西晋末年，中原战乱，士族大批入泉。宋元时期，泉州一度成为世界第一大港。

国际花园城市

泉州是闻名海内外的国际花园城市，中国三大金融综合改革试验区之一，海峡西岸经济区五大中心城市之一。泉州是中国著名的侨乡，也是闽南文化的发源地与发祥地，历史文化深厚，名胜古迹众多，有"海滨邹鲁""光明之城"的美誉。

古闽先民的劳作

早在旧石器时代，古闽族就在泉州这块土地上披荆斩棘，繁衍生息。古闽先民使用石制工具劳动生产，掌握种植水稻和制作陶器的技术。

多元文化的融合

作为古代海上丝绸之路的起点城市，伊斯兰教、印度教、古基督教、摩尼教、犹太教、佛教等世界多种宗教在泉州广泛传播，留下大量遗迹，使泉州成为多元文化交融的载体，有"世界宗教博物馆"之称。

海上交通要地

北宋时期，泉州经济繁荣，是全国丝织中心之一，与杭州并称一时之盛。所产绫罗绸缎和绢伞绢扇与青白瓷器、生铁、铜鼎、铁针及糖、酒、茶叶、桂圆干、纸张等，都是出口外销商品。造船技术更加精良，已能造出远洋大海舶。南宋时期，皇室偏安，泉州距杭州较近，所造海舶设备齐全，乘航平稳，加上舟师水手善于识天象、辨水道，并用指南针导航，所以海舶一直称雄于海上，成为南宋政府海上交通要地和重要的经济补给来源。据《诸蕃志》记载，泉州当时已与海外58个国家和地区有通商往来，"涨海声中万国商"。有很多外籍商贾巨富与皇族绅贵择居泉州，繁衍生息。

泉州的地理位置和地貌特征

泉州地势由西北向东南倾斜，呈三级阶梯状分布，可分为西北部中、低山区，中部低山、丘陵、河谷平原区和东南沿海丘陵、台地、平原区三个地貌区。西北部戴云山脉有"闽中屋脊"之称，主峰戴云山海拔1856米，是泉州市地势最高的第一级阶梯。东南部地势较为开阔，戴云山脉延伸部分的山地、丘陵和河谷平原相间排列，属泉州市地势的第二级阶梯。晋江中下游的泉州平原是福建省的第四大平原，属地势的第三级阶梯。

丰富的文化生活

泉州拥有大量国家级非物质文化遗产，如南音、泉州北管、泉州拍胸舞、梨园戏、高甲戏、提线木偶戏、布袋木偶戏、石雕、花灯、打城戏、五祖拳、水密隔舱福船制造技艺、乌龙茶制作技艺、闽南传统民居营造技艺等。

港口众多的泉州

泉州市濒临东海，主要有湄洲湾、大港湾、泉州湾、深沪湾、围头湾、安海湾等海湾，其中肖厝港和斗尾港是"世界不多、全国少有"的天然良港。泉州市沿海岛屿较多，最大的海岛为金门岛。

著名的茶乡

泉州安溪是铁观音茶叶的故乡，是中国著名的茶乡之一。铁观音属于乌龙茶类，是中国十大名茶之一。

提线木偶戏